JN085741

★ 💩 ★

うんこドリル
東京大学との共同研究で
学力向上・学習意欲向上が
実証されました！

❶ 学習効果 UP!⬆

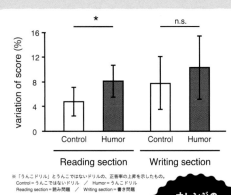

※「うんこドリル」とうんこではないドリルの、正答率の上昇を示したもの。
Control＝うんこではないドリル ／ Humor＝うんこドリル
Reading section＝読み問題 ／ Writing section＝書き問題

オレンジのグラフがうんこドリルの学習効果なのじゃ！

うんこドリルで学習した場合の成績の上昇率は、うんこではないドリルで学習した場合と比較して約60％高いという結果になったのじゃ！

❷ 学習意欲 UP!⬆

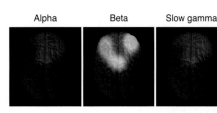

Alpha　Beta　Slow gamma

Relative ΔEEG power

※「うんこドリル」とうんこではないドリルの閲覧時の、脳領域の活動の違いをカラーマップで表したもの。左から「アルファ波」「ベータ波」「スローガンマ波」。明るい部分ほど、うんこドリル閲覧時における脳波の動きが大きかった。

うんこドリルで学習した場合「記憶の定着」に効果的であることが確認されたのじゃ！

明るくなっているところが、うんこドリルが優位に働いたところなのじゃ！

共同研究　東京大学薬学部　池谷裕二教授

1998年に東京大学にて薬学博士号を取得。2002〜2005年にコロンビア大学（米ニューヨーク）に留学をはさみ、2014年より現職。専門分野は神経生理学で、脳の健康について探究している。また、2018年よりERATO脳AI融合プロジェクトの代表を務め、AIチップの脳移植による新たな知能の開拓を目指している。
文部科学大臣表彰 若手科学者賞（2008年）、日本学術振興会賞（2013年）、日本学士院学術奨励賞（2013年）などを受賞。

著書：『海馬』『記憶力を強くする』『進化しすぎた脳』
論文：Science 304:559、2004、同誌 311:599、2011、同誌 335:353、2012

先生のコメントはウラへ ➡

教育において、ユーモアは児童・生徒を学習内容に注目させるために広く用いられます。先行研究によれば、ユーモアを含む教材では、ユーモアのない教材を用いたときよりも学習成績が高くなる傾向があることが示されていました。これらの結果は、ユーモアによって児童・生徒の注意力がより強く喚起されることで生じたものと考えられますが、ユーモアと注意力の関係を示す直接的な証拠は示されてきませんでした。そこで本研究では9〜10歳の子どもを対象に、電気生理学的アプローチを用いて、ユーモアが注意力に及ぼす影響を評価することとしました。

本研究では、ユーモアが脳波と記憶に及ぼす影響を統合的に検討しました。心理学の分野では、ユーモアが学習促進に役立つことが提唱されていますが、ユーモアが学習における集中力にどのような影響を与え、学習を促すのかについてはほとんど知られていません。しかし、記憶のエンコーディングにおいて遅いγ帯域の脳波が増加することが報告されていることと、今回我々が示した結果から、ユーモアは遅いγ波を増強することで学習促進に有用であることが示唆されます。
さらに、ユーモア刺激によるβ波強度の増加も観察されました。β波の活動は視覚的注意と関連していることが知られていること、集中力の程度は体の動きで評価できることから、本研究の結果からは、ユーモアがβ波強度の増加を介して集中度を高めている可能性が考えられます。

これらの結果は、ユーモアが学習に良い影響を与えるという
instructional humor processing theory を支持するものです。

※ J. Neuronet., 1028:1-13, 2020　http://neuronet.jp/jneuronet/007.pdf

東京大学薬学部　池谷裕二教授

詳しい情報は
こちらをチェック！

2年生で習った 筆算

今日のせいせき
まちがいが

0〜2こ
よくできたね！

3〜5こ
できたね

6こ〜
がんばれ

2年生で習ったたし算とひき算の筆算のふく習だよ。
くり上がり，くり下がりに気をつけよう。

1 筆算で計算をしましょう。

① 23＋54

$$\begin{array}{r} 2\ 3 \\ +\ 5\ 4 \\ \hline \end{array}$$

② 35＋47

③ 18＋32

④ 7＋98

⑤ 87＋73

⑥ 59－23

⑦ 75－18

⑧ 80－75

⑨ 47－9

⑩ 146－82

⑪ 153－67

筆算は位ごとにたてに
そろえて書くんじゃな。

2 筆算で計算をしましょう。

① 512＋85

② 436＋14

③ 303＋57

④ 235－17

⑤ 738－28

⑥ 572－69

テストに出るうんこ

きみなら、どのまんがから読みたいかな？

人気うんこまんがベストテン

大第10位

うんこクラッシャー我狼武

作者 天堂リツ

神の宿りし右手でうんこを破壊せよ！

うんこクラッシャー 我狼武

今日のせいせき
まちがいが

0~2こ
よくできたね!

3~5こ
できたね

6こ~
がんばれ

 たし算の筆算は，数が大きくなっても，
2年生で習った筆算のしかたと同じだよ。

1 417＋238の筆算のしかたを考えます。

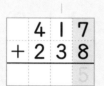 → 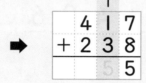 →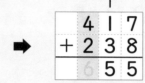

❶ 一の位の計算
をする。
十の位に1くり
上げる。

❷ 十の位の計算
をする。
くり上げた1を
たす。

❸ 百の位の計算
をする。

2 筆算で計算をしましょう。

①
```
  1 6 9
+ 5 2 7
```

②
```
  3 1 3
+ 2 6 8
```

③
```
  2 3 2
+ 4 5 9
```

④
```
  4 3 6
+ 4 0 7
```

⑤
```
  2 7 2
+ 2 1 8
```

⑥
```
  3 3 5
+ 5 2 9
```

3 筆算で計算をしましょう。

①
```
   725
 + 136
```

②
```
   528
 + 146
```

③
```
   142
 + 448
```

④
```
   244
 + 317
```

⑤
```
   356
 + 426
```

⑥
```
   709
 + 207
```

テストに出るうんこ

きみなら、どのまんがから読みたいかな？

人気うんこまんがベストテン

第9位

スノーうんこをきみに…

作者　町尾もとこ

Snow Unko For You

スノーうんこ
をきみに…

きみにも見せたかった！この、うんこを。

4

今日のせいせき
まちがいが
0~2こ
よくできたね!
3~5こ
できたね
6こ~
がんばれ

 くり上がりに気をつけて筆算をしよう。

1 573+165の筆算のしかたを考えます。

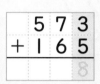 ➡ 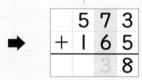 ➡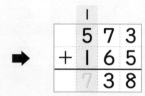

❶一の位の計算
をする。

❷十の位の計算
をする。
百の位に1くり
上げる。

❸百の位の計算
をする。
くり上げた1を
たす。

2 筆算で計算をしましょう。

①
```
  3 8 2
+ 2 8 3
```

②
```
  4 9 5
+ 3 7 4
```

③
```
  5 4 5
+ 3 7 2
```

④
```
  6 7 1
+ 1 5 5
```

⑤
```
  4 5 8
+ 2 5 1
```

⑥
```
  8 9 6
+   2 3
```

3　筆算で計算をしましょう。

①
```
   5 7 1
 + 3 5 6
```

②
```
   2 9 0
 + 4 8 5
```

③
```
   4 5 2
 + 1 6 7
```

④
```
   1 2 4
 + 1 9 4
```

⑤
```
   3 5 1
 + 2 7 3
```

⑥
```
   2 4 3
 + 5 8 2
```

うんこ文章題に
チャレンジ！
1

うんこにリボンをつけるのがはやっています。姉はうんこに752円のリボンをつけました。母は姉より164円高いリボンをつけました。母がうんこにつけたリボンは何円のリボンですか。

筆算

式

答え ＿＿＿＿＿＿＿＿＿＿

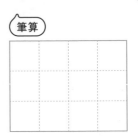

3けたの数の たし算の筆算③

今日のせいせき
まちがいが

0~2こ
よくできたね！

0~2こ
できたね

3~5こ
できたね

6こ～
がんばれ

くり上がりがたくさんあっても，
くり上げた数をメモしておくとまちがえにくいよ。

1 567＋278の筆算のしかたを考えます。

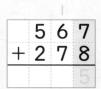

```
  5 6 7
+ 2 7 8
      5
```
➡
```
  5 6 7
+ 2 7 8
    4 5
```
➡
```
  5 6 7
+ 2 7 8
  8 4 5
```

❶ 一の位の
計算をする。
十の位に
1くり上げる。

❷ 十の位の
計算をする。
くり上げた1を
たして，百の位
に1くり上げる。

❸ 百の位の
計算をする。
くり上げた1を
たす。

2 筆算で計算をしましょう。

①
```
  3 9 7
+ 5 3 6
```

②
```
  4 7 8
+ 1 5 9
```

③
```
  5 7 8
+ 2 4 6
```

④
```
  2 5 4
+ 6 8 7
```

⑤
```
  6 5 3
+ 1 9 8
```

⑥
```
  8 5 6
+   4 4
```

3 筆算で計算をしましょう。

①
```
  3 4 9
+ 2 8 2
───────
```

②
```
  1 0 5
+ 3 9 9
───────
```

③
```
  3 8 7
+ 4 6 5
───────
```

④
```
  4 4 8
+ 4 7 3
───────
```

⑤
```
  5 3 6
+ 1 8 9
───────
```

⑥
```
  2 7 6
+ 5 9 8
───────
```

テストに出るうんこ

きみなら、どのまんがから読みたいかな?

人気うんこまんがベストテン

第8位

おいどん，うんこでごわす!!

おいどん，うんこでごわす!!

あんたにも見せちゃるよ。うんこってやつのド根性を!

作者 田車ふと志

今日のせいせき
まちがいが
0〜2こ よくできたね！
3〜5こ できたね
6こ〜 がんばれ

5 3けたの数の たし算の筆算④

まちがえた筆算はもう一度やり直そう。

1 筆算で計算をしましょう。

① 159＋435

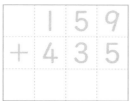

② 282＋438

③ 450＋273

④ 73＋238

⑤ 584＋321

⑥ 536＋154

⑦ 132＋84

⑧ 503＋399

筆算は位ごとに，たてに そろえて書くのじゃ。

うんこ先生からの ちょうせんじょう 1

～多くもらえるのはだれ？～

でんせつの「金のうんこ」の 化石が発見されました。
この「金のうんこ」の化石をめぐって，3人の研究者が
何 g ずつもらうか話しています。

239－200(g) を
わしはもらうことにした。

82－43(g) を
ぼくはいただくよ。

18＋21(g) で
いいのでください。

この中でいちばん多くの「金のうんこ」の化石をもらえるのは
あ い う のうちどの人で何gでしょう。

答え _____

＜筆算＞ あ   い   う

今日のせいせき
まちがいが

 0~2こ
よくできたね!

3~5こ
できたね

 6こ~
がんばれ

千の位にくり上がるたし算も，筆算のしかたは同じだよ。

1 523＋654の筆算のしかたを考えます。

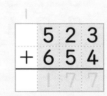 ➡

千の位

```
  5 2 3
+ 6 5 4
1 1 7 7
```

❶ 一の位からじゅんに
計算をする。
百の位の計算をして，
千の位に1くり上げる。

❷ くり上げた1を
千の位に書く。

2 筆算で計算をしましょう。

①
```
  6 2 4
+ 8 7 1
```

②
```
  9 2 5
+ 3 1 6
```

③
```
  5 7 9
+ 5 6 0
```

④
```
  8 5 7
+ 3 9 6
```

⑤
```
  6 3 8
+ 3 6 2
```

⑥
```
  9 8 7
+   4 3
```

3 筆算で計算をしましょう。

①
```
   1 0 3
+  9 3 9
-------
```

②
```
   6 2 6
+  8 1 4
-------
```

③
```
   7 4 5
+  2 8 0
-------
```

④
```
   3 9 3
+  7 7 4
-------
```

⑤
```
   4 3 9
+  8 8 4
-------
```

⑥
```
   9 7 4
+    2 6
-------
```

うんこ文章題に
チャレンジ！
2

権田原先生が，うんこをがまんしなが
ら二重とびをしています。658回とんだ
ところでうんこをもらしましたが，そのあ
とも875回とびつづけました。先生は全
部で何回二重とびをしましたか。

筆算

式

答え _____

12

7 大きい数の たし算の筆算

今日のせいせき
まちがいが

0~2こ
よくできたね!
3~5こ
できたね
6こ~
がんばれ

😎 数が大きくなっても，今までと筆算のしかたは同じだよ。

1 4768＋1345の筆算のしかたを考えます。

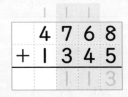 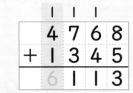

```
  4 7 6 8
+ 1 3 4 5
    1 1 3
```
➡
```
  4 7 6 8
+ 1 3 4 5
  6 1 1 3
```

❶ くり上がりに気をつけて
一，十，百の位のじゅん
に計算をする。
千の位に1くり上げる。

❷ 千の位の計算をする。
くり上げた1をたす。

2 筆算で計算をしましょう。

①
```
  4 2 7 5
+ 1 1 8 5
```

②
```
  1 5 7 3
+ 5 6 9 2
```

③
```
  3 8 1 7
+ 2 4 0 9
```

④
```
  1 7 8 5
+ 2 4 6 9
```

⑤
```
  8 3 1 9
+   7 8 6
```

⑥
```
  7 9 1 0
+   1 9 0
```

3 筆算で計算をしましょう。

①
```
   3587
 + 4269
 _____
```

②
```
   4589
 + 1607
 _____
```

③
```
   2751
 + 3460
 _____
```

④
```
   2560
 +  743
 _____
```

⑤
```
   1969
 +   75
 _____
```

⑥
```
   4875
 + 2496
 _____
```

作者 赤星シューヘイ

テストに出るうんこ

第7位

こちら★うんこ探偵社

きみなら、どのまんがから読みたいかな？
人気うんこまんがベストテン

どんなうんこ事件もスパッと解決！

こちら★うんこ探偵社

かくにんテスト 1

今日のせいせき
まちがいが

 0~2こ
よくできたね!

3~5こ
できたね

6こ～
がんばれ

点

1 筆算で計算をしましょう。

〈1つ4点〉

①
```
  2 1 9
+ 5 6 2
```

②
```
  2 7 3
+   5 8
```

③
```
  5 5 2
+ 3 7 1
```

④
```
  1 9 0
+ 3 5 6
```

⑤
```
  1 9 3
+ 6 5 7
```

⑥
```
  1 2 7
+ 4 4 3
```

⑦
```
  2 6 3
+ 6 4 1
```

⑧
```
  3 6 8
+ 7 6 4
```

⑨
```
  1 9 6 2
+ 5 7 0 8
```

⑩
```
  3 5 8 1
+ 2 4 6 0
```

⑪
```
  4 0 6 3
+ 2 9 4 4
```

⑫
```
  6 4 8 9
+ 2 5 1 1
```

15

2 筆算で計算をしましょう。

〈1つ4点〉

① 408＋97

② 563＋945

③ 494＋6

④ 82＋246

⑤ 290＋935

⑥ 405＋708

⑦ 3257＋1860

⑧ 1752＋688

3 次の人気うんこまんがの作品名は，どれですか。

〈20点〉

あ うんこクラッシャー
我狼武

い スノーうんこを
きみに…

う おいどん，
うんこでごわす！！

3けたの数の
ひき算の筆算①

ひき算の筆算は，数が大きくなっても，
2年生で習った筆算のしかたと同じだよ。

1 352－128の筆算のしかたを考えます。

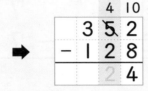

❶ 一の位の計算
をする。
十の位から
1くり下げる。

❷ 十の位の計算
をする。

❸ 百の位の計算
をする。

2 筆算で計算をしましょう。

①
```
  3 7 6
- 2 3 8
```

②
```
  3 4 5
- 1 2 9
```

③
```
  4 6 5
- 2 1 6
```

④
```
  5 7 3
- 4 0 7
```

⑤
```
  6 8 7
- 1 2 9
```

⑥
```
  6 8 2
- 2 7 9
```

3 筆算で計算をしましょう。

①
```
   5 3 6
 - 1 0 8
```

②
```
   3 5 4
 - 1 1 5
```

③
```
   8 9 3
 - 1 2 6
```

④
```
   7 8 2
 - 7 5 7
```

⑤
```
   6 6 2
 - 4 3 5
```

⑥
```
   9 2 6
 - 3 1 9
```

うんこ文章題に
チャレンジ！
3

巨人像を作ろうと思って，962このうんこを用意しました。ところが，258このうんこがのこってしまいました。巨人像は何このうんこで作られましたか。

筆算

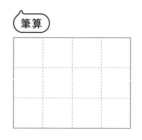

式

答え＿＿＿＿＿＿＿

3けたの数の
ひき算の筆算②

今日のせいせき
まちがいが
0~2こ
よくできたね！
3~5こ
できたね
6こ～
がんばれ

💩 くり下がりに気をつけて筆算しよう。

 827−564の筆算のしかたを考えます。

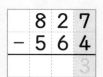 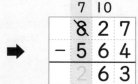

```
  8 2 7
− 5 6 4
      3
```
❶ 一の位の計算
をする。

➡

```
  7 10
  8 2 7
− 5 6 4
    6 3
```
❷ 十の位の計算
をする。
百の位から
1くり下げる。

➡

```
  7 10
  8 2 7
− 5 6 4
  2 6 3
```
❸ 百の位の計算
をする。

② 筆算で計算をしましょう。

①
```
  6 1 9
− 3 5 1
```

②
```
  8 2 6
− 1 5 0
```

③
```
  7 1 8
− 4 7 3
```

④
```
  5 4 8
− 3 9 2
```

⑤
```
  6 4 9
− 2 8 0
```

⑥
```
  9 3 6
− 7 5 0
```

3 筆算で計算をしましょう。

①
```
  5 3 6
- 1 9 2
```

②
```
  6 3 9
- 2 8 2
```

③
```
  8 2 4
- 7 3 2
```

④
```
  8 2 4
-   7 1
```

⑤
```
  6 1 5
- 3 7 3
```

⑥
```
  1 3 7
-   6 4
```

テストに
出る
うんこ

人気うんこまんが
ベストテン

きみなら、どのまんがから読みたいかな?

第6位

うんこだ! 竜斗

作者
高森祥太

うんこにかけた、俺たちの青春!

うんこだ! 竜シュウト

20

11

3けたの数の
ひき算の筆算③

くり下がりがたくさんあっても，くり下げたあとの
数をメモしておくとまちがえにくいよ。

1 753−286の筆算のしかたを考えます。

 ➡ 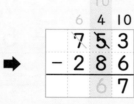 ➡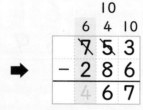

❶ 一の位の計算
をする。
十の位から
1くり下げる。

❷ 十の位の計算
をする。
百の位から
1くり下げる。

❸ 百の位の計算
をする。

2 筆算で計算をしましょう。

①
```
  6 1 5
−　2 3 8
```

②
```
  7 4 2
−　1 6 9
```

③
```
  9 3 4
−　4 5 6
```

④
```
  8 2 1
−　5 3 7
```

⑤
```
  8 2 4
−　3 4 7
```

⑥
```
  4 4 3
−　2 7 6
```

3 筆算で計算をしましょう。

①
```
  6 3 5
- 4 8 9
-------
```

②
```
  6 4 0
- 2 9 5
-------
```

③
```
  6 1 4
- 5 9 8
-------
```

④
```
  7 3 1
- 5 7 6
-------
```

⑤
```
  9 2 1
- 1 8 5
-------
```

⑥
```
  5 2 3
-   4 8
-------
```

うんこ文章題に
チャレンジ！
4

『ワールドうんこパーフェクト図鑑』は全部で841ページの本でしたが，何ページかやぶり取られていて，293ページしかのこっていません。やぶり取られたページは何ページですか。

筆算

式

答え _____

今日のせいせき

まちがいが

0〜2こ
よくできたね！

3〜5こ
できたね

6こ〜
がんばれ

 まちがえた筆算はもう一度やり直そう。

1 筆算で計算をしましょう。

① 523 − 26

② 306 − 193

③ 370 − 129

④ 621 − 384

⑤ 835 − 495

⑥ 962 − 767

⑦ 565 − 108

⑧ 510 − 63

⑨ 740 − 369

⑩ 929 − 465

うんこ先生からの ちょうせんじょう ❷

~うんこ先生の写真~

うんこ先生の写真は，さつえい日が筆算になっているよ。

さつえい日

```
  9 9 1
- 9 8 0
```

さつえい日

```
  4 9 0
- 4 3 5
```

さつえい日

```
  8 2 6
+ 2 0 5
```

さつえい日が
```
  1 0 1 2
+   2 1 3
```
の写真は，次のうちどれ？ ○をつけよう。

あ

い

う

答えを月日にしてみてごらん。

24

13

3けたの数の
ひき算の筆算⑤

今日のせいせき
まちがいが

+ **0〜2こ** よくできたね！
+ **3〜5こ** できたね
+ **6こ〜** がんばれ

ひかれる数に0のあるひき算をするよ。1つ上の位から
くり下げられないときは，もう1つ上の位からくり下げよう。

---

1 503−146の筆算のしかたを考えます。

 ➡  ➡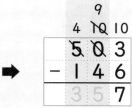

❶ 一の位の計算をする。
十の位からくり下げ
られないので，百の位
から1くり下げる。
百の位は4，十の位
は10。

❷ 十の位から
1くり下げる。
十の位は9，
一の位は13。

❸ 十，百の位の
計算をする。

---

2 筆算で計算をしましょう。

①
```
  9 0 1
- 7 3 4
```

②
```
  8 0 4
- 5 3 7
```

③
```
  7 0 0
- 6 2 8
```

④
```
  6 0 0
- 2 1 5
```

⑤
```
  3 0 4
- 1 5 7
```

⑥
```
  4 0 0
- 2 7 9
```

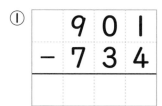

3 筆算で計算をしましょう。

①
```
  6 0 3
- 2 9 8
```

②
```
  5 0 2
- 4 9 4
```

③
```
  7 0 0
- 2 8 7
```

④
```
  6 0 1
-   2 4
```

⑤
```
  9 0 4
- 1 0 7
```

⑥
```
  8 0 0
- 7 6 9
```

テストに出るうんこ

きみなら、どのまんがから読みたいかな?

人気うんこまんがベストテン

第5位 だい い

もらしっぱ!ユズルくん

作者 ごりぞう

ユズルがもらすうんこで、今日も学園は大パニックに…!?

もらしっぱ!ユズルくん

26

今日のせいせき
まちがいが

✧ 0~2こ
よくできたね!

☺ 3~5こ
できたね

♨ 6こ~
がんばれ

3けたの数の ひき算の筆算⑥

 1000や1000いくつからひくひき算の筆算のしかたも、今までと同じだよ。

1　1000−374の筆算のしかたを考えます。

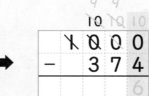

❶ 一の位の計算をする。十, 百の位からくり下げられないので, 千の位から1くり下げる。百の位は10。

❷ 百の位から1くり下げる。百の位は9,十の位は10。
❸ 十の位から1くり下げる。十の位は9,一の位は10。

❹ 十, 百の位の計算をする。

2　筆算で計算をしましょう。

①
```
  1 0 0 0
−   5 2 7
```

②
```
  1 0 0 0
−   2 6 1
```

③
```
  1 0 0 5
−   4 3 8
```

④
```
  1 0 0 7
−   3 4 9
```

⑤
```
  1 0 0 2
−   3 9 8
```

⑥
```
  1 0 0 0
−   8 0 9
```

3 筆算で計算をしましょう。

①
```
  1 0 0 2
-   6 1 9
─────────
```

②
```
  1 0 0 0
-   7 3 8
─────────
```

③
```
  1 0 0 0
-   2 5 3
─────────
```

④
```
  1 0 0 2
-   4 7 6
─────────
```

⑤
```
  1 0 0 3
-       8
─────────
```

⑥
```
  1 0 0 0
-     8 4
─────────
```

うんこ文章題に
チャレンジ！
5

「うんこを1001回おがむと，せなかにつばさが生えてくる」と聞いた弟が，うんこをがんばっておがんでいます。今，432回おがみました。あと何回うんこをおがめば，せなかにつばさが生えてきますか。

筆算

式

答え ＿＿＿＿＿＿＿＿

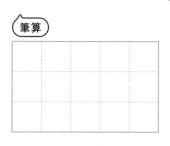

28

大きい数の ひき算の筆算

ひき算の筆算は，数が大きくなっても，
今までと筆算のしかたは同じだよ。

1 4231−2174の筆算のしかたを考えます。

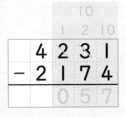

```
   10
  1 2 10
  4 2 3 1
- 2 1 7 4
    0 5 7
```
❶ くり下がりに気をつけて，
一，十，百の位のじゅんに
計算する。

➡

```
     10
  1 2 10
  4 2 3 1
- 2 1 7 4
  2 0 5 7
```
❷ 千の位の計算をする。

2 筆算で計算をしましょう。

①
```
  8 9 5 1
- 1 6 7 6
```

②
```
  9 0 5 3
- 1 7 2 8
```

③
```
  8 2 5 9
- 6 4 8 4
```

④
```
  7 4 2 3
- 3 6 9 7
```

⑤
```
  8 0 0 0
- 6 9 2 9
```

⑥
```
  1 0 5 3
-   5 9 8
```

3 筆算で計算をしましょう。

①
```
  6 5 7 1
- 1 2 9 6
```

②
```
  5 1 9 0
- 2 8 1 8
```

③
```
  7 0 5 8
- 4 2 8 3
```

④
```
  6 3 1 7
-   6 9 2
```

⑤
```
  9 3 5 4
- 8 7 9 6
```

⑥
```
  8 4 0 3
- 2 6 7 5
```

テストに出るうんこ

第4位

きみなら、どのまんがから読みたいかな？

人気うんこまんがベストテン

UNKO NOTE
うんこ　　　　ノート

ボクは、自由にあやつるノートを手に入れた…
人のうんこを

原作　鎌田いすか／作者　黒宮真

UNKO NOTE
うんこノート

かくにんテスト 2

今日のせいせき
まちがいが
0~2こ よくできたね!
3~5こ できたね
6こ～ がんばれ

点

1 筆算で計算をしましょう。

〈1つ3点〉

①
```
    5 0 0
  - 1 9 2
```

②
```
    7 1 2
  - 3 7 2
```

③
```
    5 4 1
  - 2 6 3
```

④
```
    8 3 4
  - 2 0 7
```

⑤
```
    5 2 6
  - 1 7 3
```

⑥
```
    7 0 2
  - 5 4 6
```

⑦
```
    1 0 0 0
  -     2 9
```

⑧
```
    8 9 8 3
  - 3 9 8 4
```

⑨
```
    1 0 0 4
  -   3 2 6
```

⑩
```
    4 5 2 3
  - 2 9 0 5
```

2 筆算で計算をしましょう。

〈1つ5点〉

① 741−59

② 400−7

③ 362−84

④ 819−80

⑤ 715−137

⑥ 306−259

⑦ 1000−125

⑧ 3295−1697

3 「あんたにも見せちゃるよ。うんこってやつのド根性を！」という
せりふで有名な人気うんこまんがはどれですか。

〈30点〉

あ UNKO NOTE
うんこ　ノート

い おいどん，
うんこでごわす！！

う もらしっぱ！
ユズルくん

17 暗算

今日のせいせき
まちがいが
 0~2こ
よくできたね!
 3~5こ
できたね
6こ~
がんばれ

 2けたの数のたし算やひき算は,
筆算しなくても暗算でできるようになろう。

1 39+46の暗算のしかたを考えます。

$$39 + 46$$
$$40 \quad 6$$

❶ たす数（ひく数）を何十といくつ
   に分ける。

❷ たされる数（ひかれる数）と何十
   の計算をする。

❸ ❷の答えといくつの計算をする。

$$39 + 40 = 79$$

$$79 + 6 = 85$$

2 暗算で計算しましょう。

① 23+54 = 77

② 34+15

③ 19+23

④ 27+46

⑤ 98-26

⑥ 74-53

⑦ 81-45

⑧ 73-19

暗算で計算しましょう。

① 65＋31

② 26＋49

③ 75＋15

④ 39＋55

たす数やひく数を
何十といくつに
分けて
計算してみよう。

⑤ 62－36

⑥ 100－19

⑦ 80－24

⑧ 91－45

18

小数の
たし算とひき算

今日のせいせき
まちがいが

0~2こ
よくできたね!

3~5こ
できたね

6こ～
がんばれ

小数を「0.1の何こ分」で考えると
整数のときと同じように計算できるよ。

1 0.6+0.7と1.5−0.9の計算のしかたを考えます。

0.6+0.7

0.6は, 0.1が 6 こ

0.7は, 0.1が 7 こ

あわせて0.1が 13 こ

0.1が13こで 1.3

1.5−0.9

1.5は, 0.1が 15 こ

0.9は, 0.1が 9 こ

ひくと, 0.1が 6 こ

0.1が6こで 0.6

2 計算をしましょう。

① 0.2+0.5

② 0.4+1.2

③ 1+0.6

④ 0.9+0.8

3 計算をしましょう。

① 0.9−0.3

② 1.8−0.5

③ 1.3−0.4

④ 1−0.4

1は0.1が10こじゃぞ。

うんこ先生からの
ちょうせんじょう 3

～小数カードをかんせいさせよ～

うんこ先生がならべていた『小数カード』が, バラバラになってしまった！
先生の『小数カード』をもとにもどそう。
たしか, うんこ先生は次のルールでならべていた。

ルール

- ・0.1から0.9までの9この小数が書かれている。
- ・たて, 横, ななめにならぶ3つの数の合計がすべて1.5になる。

□ のところに小数を入れよう。

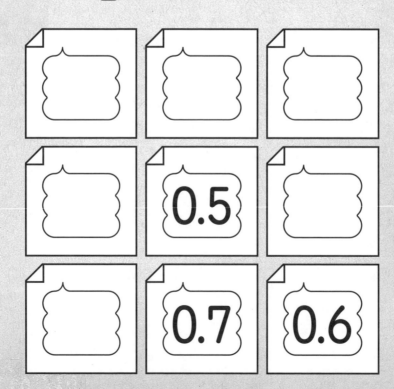

小数の たし算の筆算

今日のせいせき
まちがいが

0~2こ
よくできたね！

3~5こ
できたね

6こ～
がんばれ

小数のたし算の筆算のしかたは，
整数のたし算のときと同じだよ。
答えの小数点をうちわすれないように注意しよう。

 2.9＋3.5の筆算のしかたを考えます。

❶ 位をそろえて書く。

❷ 整数のたし算と同じように計算する。

❸ 上の小数点にそろえて，答えの小数点をうつ。

2 筆算で計算をしましょう。

①
```
  1.3
+ 2.4
-----
```

②
```
  5.4
+ 2.3
-----
```

③
```
  1.9
+ 4.3
-----
```

④
```
  1.4
+ 5.8
-----
```

⑤
```
  6.7
+ 2.5
-----
```

⑥
```
  5.7
+ 1.6
-----
```

⑦
```
  4.7
+ 7.6
-----
```

⑧
```
  9.3
+ 2.8
-----
```

⑨
```
  8.9
+ 5.4
-----
```

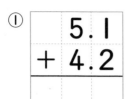 **3** 筆算で計算をしましょう。

① 　5.1
　＋4.2

② 　3.5
　＋3.4

③ 　3.5
　＋2.6

④ 　4.4
　＋2.9

⑤ 　3.8
　＋5.6

⑥ 　6.2
　＋1.9

⑦ 　7.6
　＋4.5

⑧ 　7.8
　＋8.4

⑨ 　2.9
　＋8.7

うんこ文章題に
チャレンジ！
6

校門から4.6m 歩いたところでへんな形の
うんこを拾いました。そこからさらに3.7m
はなれたところに，同じ形のみぞがあったの
で，拾ったうんこをはめました。校門からみ
ぞまでは何 m はなれているでしょうか。

筆算

式

答え ＿＿＿＿＿＿＿＿＿＿

小数の
ひき算の筆算

今日のせいせき
まちがいが

0~2こ
よくできたね！
3~5こ
できたね

6こ～
がんばれ

小数のひき算の筆算のしかたは，整数のひき算のときと同じだよ。
答えの小数点をうちわすれないように注意しよう。

1 5.2−2.4の筆算のしかたを考えます。

❶ 位をそろえて書く。

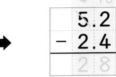

❷ 整数のひき算と同じように計算する。

```
    4 10
   5.2
 − 2.4
   2↓8
```

❸ 上の小数点にそろえて，答えの小数点をうつ。

2 筆算で計算をしましょう。

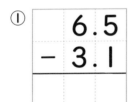

①
```
  6.5
− 3.1
```

②
```
  7.6
− 2.4
```

③
```
  9.5
− 2.7
```

④
```
  9.3
− 1.8
```

⑤
```
  8.4
− 4.6
```

⑥
```
  7.1
− 2.8
```

⑦
```
  5.4
− 3.7
```

⑧
```
  8.3
− 4.9
```

⑨
```
  7.2
− 3.6
```

筆算で計算をしましょう。

①
```
  4.9
- 2.3
```

②
```
  4.3
- 3.1
```

③
```
  8.1
- 1.7
```

④
```
  8.5
- 3.9
```

⑤
```
  9.6
- 1.8
```

⑥
```
  8.5
- 4.8
```

⑦
```
  7.2
- 2.6
```

⑧
```
  5.3
- 3.7
```

⑨
```
  9.2
- 5.4
```

小数のたし算と
ひき算の筆算①

今日のせいせき
まちがいが

0~2こ
よくできたね！

3~5こ
できたね

6こ~
がんばれ

答えの小数点は上の小数点にそろえてうつよ。答えの一の位の
数がないときは「0.」をわすれないようにしよう。

1 2.6+1.4， 5.3−4.6， 5−3.2の
筆算のしかたを考えます。

2.6+1.4

```
   2.6
+  1.4
-------
   4.0
```

答えの4.0は4
と同じ大きさ
だから，0を＼
で消す。

5.3−4.6

```
   5.3
−  4.6
-------
   0.7
```

答えの一の位の
数がないときは，
0を書いて
小数点をうつ。

5−3.2

```
   5.0
−  3.2
-------
   1.8
```

5を5.0と考えて
筆算をする。

2 筆算で計算をしましょう。

①
```
   3.5
+  2.5
-------
```

②
```
   3.2
+  4.8
-------
```

③
```
  15.3
+  6.7
-------
```

④
```
   9.4
−  8.7
-------
```

⑤
```
   7.3
−  6.8
-------
```

⑥
```
  12.8
−  4.8
-------
```

⑦
```
   7.9
+  4
-------
```

⑧
```
   8
−  4.3
-------
```

⑨
```
  16
−  5.9
-------
```

筆算で計算をしましょう。

① 　 4.1
　 + 5.9

② 　 3 2.8
　 +　 0.2

③ 　　 9
　 − 4.3

④ 　 8.3
　 − 7.5

⑤ 　 1 8.3
　 −　　 9

⑥ 　　 3
　 − 2.4

4 筆算で計算をしましょう。

① 23 + 3.4
　 　 2 3
　 + 　 3.4

② 7 − 5.3

③ 9 − 8.6

うんこ文章題に
チャレンジ！
7

　おじいちゃんが「うんこをするのでお茶を
くれ」と言うので，お茶を7L わたしました。
おじいちゃんはうんこをしながら6.4L 飲み
ました。お茶は何 L のこっていますか。

筆算

式

答え＿＿＿＿＿＿＿

今日のせいせき

まちがいが

✨ **0~2こ**
よくできたね！

3~5こ
できたね

6こ~
がんばれ

まちがえた筆算は，もう一度やり直そう。

1 筆算で計算をしましょう。

① 3.2＋2.9　　② 5.8＋8.4　　③ 5.3＋6.7

  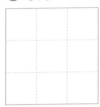

④ 2.8＋4.3　　⑤ 5.6＋4.4　　⑥ 15＋6.9

2 筆算で計算をしましょう。

① 3.2－1.8　　② 8.2－4.5　　③ 21.3－4.7

④ 4.1－4　　⑤ 9.6－2.6　　⑥ 19－8.3

ちょうせんじょう 4

～漢字の計算～

□にあてはまる漢字を書こう。

① 言 ＋ 寺 ＝ □

② 自 ＋ 心 ＝ □

③ 立 ＋ 日 ＋ 心 ＝ □

④ 矢 ＋ 豆 ＝ □

⑤ 日 ＋ 日 ＋ 立 ＝ □

⑥ ク ＋ ヨ ＋ 心 ＝ □

> すべて3年生で習う漢字じゃよ。⑥はカタカナと漢字を使って組み立てるのじゃ。

23 分数のたし算

分数のたし算をするよ。
それぞれのもとになる分数が何こになるかで考えよう。

1 $\frac{2}{7} + \frac{3}{7}$ の計算のしかたを考えます。

$\frac{2}{7}$ は $\frac{1}{7}$ が 2 こ。

$\frac{3}{7}$ は $\frac{1}{7}$ が 3 こ。

あわせて, $\frac{1}{7}$ が5こで $\frac{5}{7}$ 。

$\frac{1}{7}$ が
何こ分になるか
考えよう。

2 計算をしましょう。

① $\frac{1}{4} + \frac{2}{4}$

② $\frac{2}{6} + \frac{3}{6}$

③ $\frac{3}{9} + \frac{5}{9}$

④ $\frac{3}{8} + \frac{1}{8}$

⑤ $\frac{3}{10} + \frac{2}{10}$

⑥ $\frac{3}{5} + \frac{1}{5}$

⑦ $\frac{4}{7} + \frac{3}{7}$

⑧ $\frac{3}{4} + \frac{1}{4}$

分母と分子が
同じ数の分数は
1と同じ
大きさじゃよ。

⑨ $\frac{3}{8} + \frac{5}{8}$

3 計算をしましょう。

① $\dfrac{1}{4} + \dfrac{1}{4}$

② $\dfrac{2}{10} + \dfrac{6}{10}$

③ $\dfrac{4}{6} + \dfrac{1}{6}$

④ $\dfrac{1}{2} + \dfrac{1}{2}$

⑤ $\dfrac{2}{8} + \dfrac{3}{8}$

⑥ $\dfrac{4}{7} + \dfrac{2}{7}$

⑦ $\dfrac{2}{3} + \dfrac{1}{3}$

⑧ $\dfrac{2}{5} + \dfrac{1}{5}$

⑨ $\dfrac{2}{9} + \dfrac{4}{9}$

⑩ $\dfrac{4}{10} + \dfrac{5}{10}$

24 分数のひき算

今日のせいせき
まちがいが

 0~2こ
よくできたね！

 3~5こ
できたね

6こ~
がんばれ

分数のひき算をするよ。
もとになる分数が何こになるかで考えよう。

1 $\dfrac{6}{9} - \dfrac{2}{9}$ の計算のしかたを考えます。

$\dfrac{6}{9}$ は $\dfrac{1}{9}$ が こ。

$\dfrac{2}{9}$ は $\dfrac{1}{9}$ が 2 こ。

ひくと，$\dfrac{1}{9}$ が4こで $\dfrac{4}{9}$ 。

分母はそのままで，
分子どうしの
ひき算を
するのじゃ。

2 計算をしましょう。

① $\dfrac{2}{3} - \dfrac{1}{3}$

② $\dfrac{3}{6} - \dfrac{2}{6}$

③ $\dfrac{6}{7} - \dfrac{4}{7}$

④ $\dfrac{3}{4} - \dfrac{2}{4}$

⑤ $\dfrac{4}{5} - \dfrac{1}{5}$

⑥ $\dfrac{6}{8} - \dfrac{3}{8}$

⑦ $\dfrac{5}{6} - \dfrac{2}{6}$

⑧ $1 - \dfrac{5}{9}$

⑨ $1 - \dfrac{1}{2}$

⑧ は 1 を $\dfrac{9}{9}$ にしてから計算しよう。

3 計算をしましょう。

① $\dfrac{8}{9} - \dfrac{2}{9}$

② $1 - \dfrac{1}{8}$

③ $\dfrac{5}{8} - \dfrac{2}{8}$

④ $\dfrac{2}{4} - \dfrac{1}{4}$

⑤ $1 - \dfrac{2}{5}$

⑥ $\dfrac{5}{6} - \dfrac{1}{6}$

⑦ $\dfrac{8}{10} - \dfrac{5}{10}$

⑧ $\dfrac{3}{7} - \dfrac{2}{7}$

⑨ $\dfrac{6}{7} - \dfrac{1}{7}$

⑩ $1 - \dfrac{2}{10}$

まとめテスト

3年生のたし算・ひき算

今日のせいせき
まちがいが
 0~2こ よくできたね!
 3~5こ できたね
6こ~ がんばれ

点

 筆算で計算をしましょう。 〈1つ3点〉

① 289＋512

② 583＋19

③ 357＋893

 筆算で計算をしましょう。 〈1つ3点〉

① 562－329

② 600－27

③ 1001－523

 筆算で計算をしましょう。 〈1つ3点〉

① 3.5＋2.7

② 4.3＋3.7

③ 15.2＋5

4 筆算で計算をしましょう。

〈1つ3点〉

① 8.2 − 3.4　　　② 15 − 7.3　　　③ 5.4 − 4.9

5 計算をしましょう。

〈1つ3点〉

① $\dfrac{1}{10} + \dfrac{7}{10}$　　　　　② $\dfrac{2}{9} + \dfrac{6}{9}$

③ $\dfrac{4}{8} + \dfrac{4}{8}$　　　　　④ $\dfrac{6}{7} - \dfrac{2}{7}$

⑤ $1 - \dfrac{2}{9}$　　　　　⑥ $1 - \dfrac{3}{8}$

6 次の人気まんがの作品名はそれぞれどれでしょう。正しく線でむすびましょう。

〈全部できて46点〉

・　　　　　　　　　・　　　　　　　　　・

・　　　　　　　　　・　　　　　　　　　・

東京都立うんこ大学　　　　こちら★　　　　うんこ烈風伝
うんこ学部　　　　　うんこ探偵社
うんこ研究学科三年
秋川ぷり太郎

答え

① 2年生で習った 筆算

2年生で習ったたし算とひき算の筆算のふく習だよ。
くり上がり，くり下がりに気をつけよう。

1 筆算で計算をしましょう。

① 23＋54
```
  2 3
＋ 5 4
  7 7
```

② 35＋47
```
  3 5
＋ 4 7
  8 2
```

③ 18＋32
```
  1 8
＋ 3 2
  5 0
```

④ 7＋98
```
    7
＋ 9 8
1 0 5
```

⑤ 87＋73
```
  8 7
＋ 7 3
1 6 0
```

⑥ 59－23
```
  5 9
－ 2 3
  3 6
```

⑦ 75－18
```
  7 5
－ 1 8
  5 7
```

⑧ 80－75
```
  8 0
－ 7 5
    5
```

⑨ 47－9
```
  4 7
－   9
  3 8
```

⑩ 146－82
```
1 4 6
－  8 2
   6 4
```

⑪ 153－67
```
1 5 3
－  6 7
   8 6
```

筆算は位ごとにたてに
そろえて書くんじゃな。

---

② 3けたの数の たし算の筆算①

たし算の筆算は，数が大きくなっても，
2年生で習った筆算のしかたと同じだよ。

1 417＋238の筆算のしかたを考えます。

```
  4 1 7      4 1 7      4 1 7
＋ 2 3 8  ➡  ＋ 2 3 8  ➡  ＋ 2 3 8
      5       5 5      6 5 5
```

❶一の位の計算
をする。
十の位に1くり
上げる。

❷十の位の計算
をする。
くり上げた1を
たす。

❸百の位の計算
をする。

2 筆算で計算をしましょう。

①
```
  1 6 9
＋ 5 2 7
  6 9 6
```

②
```
  3 1 3
＋ 2 6 8
  5 8 1
```

③
```
  2 3 2
＋ 4 5 9
  6 9 1
```

④
```
  4 3 6
＋ 4 0 7
  8 4 3
```

⑤
```
  2 7 2
＋ 2 1 8
  4 9 0
```

⑥
```
  3 3 5
＋ 5 2 9
  8 6 4
```

---

2 筆算で計算をしましょう。

① 512＋85
```
  5 1 2
＋   8 5
  5 9 7
```

② 436＋14
```
  4 3 6
＋   1 4
  4 5 0
```

③ 303＋57
```
  3 0 3
＋   5 7
  3 6 0
```

④ 235－17
```
  2 3 5
－   1 7
  2 1 8
```

⑤ 738－28
```
  7 3 8
－   2 8
  7 1 0
```

⑥ 572－69
```
  5 7 2
－   6 9
  5 0 3
```

---

3 筆算で計算をしましょう。

①
```
  7 2 5
＋ 1 3 6
  8 6 1
```

②
```
  5 2 8
＋ 1 4 6
  6 7 4
```

③
```
  1 4 2
＋ 4 4 8
  5 9 0
```

④
```
  2 4 4
＋ 3 1 7
  5 6 1
```

⑤
```
  3 5 6
＋ 4 2 6
  7 8 2
```

⑥
```
  7 0 9
＋ 2 0 7
  9 1 6
```

答え

3　3けたの数の
たし算の筆算②

今日のせいせき
まちがいが
😊 0-2こ よくできたね!
😐 3-5こ できたね
💩 6こ- がんばれ

くり上がりに気をつけて筆算をしよう。

1　573+165の筆算のしかたを考えます。

```
  573         573          573
+ 165   →   + 165    →   + 165
    8          38          738
```

❶一の位の計算
をする。

❷十の位の計算
をする。
百の位に1くり
上げる。

❸百の位の計算
をする。
くり上げた1を
たす。

2　筆算で計算をしましょう。

```
①  382      ②  495
  + 283       + 374
    665         869

③  545      ④  671
  + 372       + 155
    917         826

⑤  458      ⑥  896
  + 251       +  23
    709         919
```

4　3けたの数の
たし算の筆算③

今日のせいせき
まちがいが
😊 0-2こ よくできたね!
😐 3-5こ できたね
💩 6こ- がんばれ

くり上がりがたくさんあっても、
くり上げた数をメモしておくとまちがえにくいよ。

1　567+278の筆算のしかたを考えます。

```
  567         567          567
+ 278   →   + 278    →   + 278
    5           45         845
```

❶一の位の
計算をする。

❷十の位の
計算をする。
くり上げたを
たし、百の位
に1くり上げる。

❸百の位の
計算をする。
くり上げた1を
たす。

2　筆算で計算をしましょう。

```
①  397      ②  478
  + 536       + 159
    933         637

③  578      ④  254
  + 246       + 687
    824         941

⑤  653      ⑥  856
  + 198       +  44
    851         900
```

3　筆算で計算をしましょう。

```
①  571      ②  290
  + 356       + 485
    927         775

③  452      ④  124
  + 167       + 194
    619         318

⑤  351      ⑥  243
  + 273       + 582
    624         825
```

うんこ文章題に
チャレンジ!
1

うんこにリボンをつけるのがはやってい
ます。姉はうんこに752円のリボンをつけ
ました。母が姉より164円高いリボンをつ
けました。母がうんこにつけたリボンは何
円のリボンですか。

筆算
```
  752
+ 164
  916
```

式　752+164=916

答え　916 円

3　筆算で計算をしましょう。

```
①  349      ②  105      ③  387
  + 282       + 399       + 465
    631         504         852

④  448      ⑤  536      ⑥  276
  + 473       + 189       + 598
    921         725         874
```

テストに
出る
うんこ

人気うんこまんが
ベストテン

第8位

おいどん，うんこでごわす!!

作者
田車ふと志

5 3けたの数の たし算の筆算④

まちがえた筆算はもう一度やり直そう。

1 筆算で計算をしましょう。

① 159＋435
```
  1 5 9
+ 4 3 5
  5 9 4
```

② 282＋438
```
  2 8 2
+ 4 3 8
  7 2 0
```

③ 450＋273
```
  4 5 0
+ 2 7 3
  7 2 3
```

④ 73＋238
```
    7 3
+ 2 3 8
  3 1 1
```

⑤ 584＋321
```
  5 8 4
+ 3 2 1
  9 0 5
```

⑥ 536＋154
```
  5 3 6
+ 1 5 4
  6 9 0
```

⑦ 132＋84
```
  1 3 2
+   8 4
  2 1 6
```

⑧ 503＋399
```
  5 0 3
+ 3 9 9
  9 0 2
```

筆算は位ごとに、たてに
そろえて書くのじゃ。

6 3けたの数の たし算の筆算⑤

千の位にくり上がるたし算も、筆算のしかたは同じだよ。

1 523＋654の筆算のしかたを考えます。

```
  1
  5 2 3        5 2 3
+ 6 5 4   →  + 6 5 4
  1 7 7      1 1 7 7
```
千の位

❶ 一の位からじゅんに計算をする。百の位の計算をして、千の位に1くり上げる。
❷ くり上げた1を千の位に書く。

2 筆算で計算をしましょう。

①
```
  6 2 4
+ 8 7 1
1 4 9 5
```

②
```
  9 2 5
+ 3 1 6
1 2 4 1
```

③
```
  5 7 9
+ 5 6 0
1 1 3 9
```

④
```
  8 5 7
+ 3 9 6
1 2 5 3
```

⑤
```
  6 3 8
+ 3 6 2
1 0 0 0
```

⑥
```
  9 8 7
+   4 3
1 0 3 0
```

うんこ先生からの ちょうせんじょう 1

～多くもらえるのはだれ？～

でんせつの「金のうんこ」の化石が発見されました。この「金のうんこ」の化石をめぐって、3人の研究者が何gずつもらうか話しています。

239－200(g)を わしはもらうことにした。

82－43(g)を ぼくはいただくよ。

18＋21(g)で いいのでください。

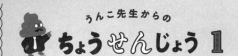

あ　い　う

この中でいちばん多くの「金のうんこ」の化石をもらえるのは あ い う のうちどの人で何gでしょう。

答え あ い う はみんな同じで、39g

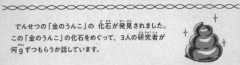

＜筆算＞

あ
```
  2 3 9
- 2 0 0
    3 9
```

い
```
    8 2
-   4 3
    3 9
```

う
```
    1 8
+   2 1
    3 9
```

3 筆算で計算をしましょう。

①
```
  1 0 3
+ 9 3 9
1 0 4 2
```

②
```
  6 2 6
+ 8 1 4
1 4 4 0
```

③
```
  7 4 5
+ 2 8 0
1 0 2 5
```

④
```
  3 9 3
+ 7 7 4
1 1 6 7
```

⑤
```
  4 3 9
+ 8 8 4
1 3 2 3
```

⑥
```
  9 7 4
+   2 6
1 0 0 0
```

うんこ文章題に チャレンジ！ 2

権田原先生が、うんこをがまんしながら二重とびをしています。658回とんだところでうんこをもらしましたが、そのあとも875回とびつづけました。先生は全部で何回二重とびをしましたか。

筆算
```
  6 5 8
+ 8 7 5
1 5 3 3
```

式 658＋875＝1533

答え 1533 回

7 | 大きい数の
たし算の筆算

💩 数が大きくなっても、今までと筆算のしかたは同じだよ。

1 4768＋1345の筆算のしかたを考えます。

```
 1 1 1            1 1 1
  4 7 6 8          4 7 6 8
＋ 1 3 4 5    ➡  ＋ 1 3 4 5
  1 1 1 3          6 1 1 3
```

❶ くり上がりに気をつけて
一、十、百の位のじゅん
に計算をする。
千の位にくり上げる。

❷ 千の位の計算をする。
くり上げた1をたす。

2 筆算で計算をしましょう。

①
```
  4 2 7 5
＋ 1 1 8 5
  5 4 6 0
```

②
```
  1 5 7 3
＋ 5 6 9 2
  7 2 6 5
```

③
```
  3 8 1 7
＋ 2 4 0 9
  6 2 2 6
```

④
```
  1 7 8 5
＋ 2 4 6 9
  4 2 5 4
```

⑤
```
  8 3 1 9
＋   7 8 6
  9 1 0 5
```

⑥
```
  7 9 1 0
＋   1 9 0
  8 1 0 0
```

⑬

3 筆算で計算をしましょう。

①
```
  3 5 8 7
＋ 4 2 6 9
  7 8 5 6
```

②
```
  4 5 8 9
＋ 1 6 0 7
  6 1 9 6
```

③
```
  2 7 5 1
＋ 3 4 6 0
  6 2 1 1
```

④
```
  2 5 6 0
＋   7 4 3
  3 3 0 3
```

⑤
```
  1 9 6 9
＋     7 5
  2 0 4 4
```

⑥
```
  4 8 7 5
＋ 2 4 9 6
  7 3 7 1
```

テストに
出る
うんこ
第7位

こちら★うんこ探偵社

作者
赤星シューヘイ

人気うんこまんが
ベストテン

きみなら、どのまんがから読みたいかな？

⑭

8 かくにんテスト **1**

　　　点

1 筆算で計算をしましょう。 （1つ4点）

①
```
  2 1 9
＋ 5 6 2
  7 8 1
```

②
```
  2 7 3
＋   5 8
  3 3 1
```

③
```
  5 5 2
＋ 3 7 1
  9 2 3
```

④
```
  1 9 0
＋ 3 5 6
  5 4 6
```

⑤
```
  1 9 3
＋ 6 5 7
  8 5 0
```

⑥
```
  1 2 7
＋ 4 4 3
  5 7 0
```

⑦
```
  2 6 3
＋ 6 4 1
  9 0 4
```

⑧
```
  3 6 8
＋ 7 6 4
1 1 3 2
```

⑨
```
  1 9 6 2
＋ 5 7 0 8
  7 6 7 0
```

⑩
```
  3 5 8 1
＋ 2 4 6 0
  6 0 4 1
```

⑪
```
  4 0 6 3
＋ 2 9 4 4
  7 0 0 7
```

⑫
```
  6 4 8 9
＋ 2 5 1 1
  9 0 0 0
```

⑮

2 筆算で計算をしましょう。 （1つ4点）

① 408＋97
```
  4 0 8
＋   9 7
  5 0 5
```

② 563＋945
```
  5 6 3
＋ 9 4 5
1 5 0 8
```

③ 494＋6
```
  4 9 4
＋     6
  5 0 0
```

④ 82＋246
```
    8 2
＋ 2 4 6
  3 2 8
```

⑤ 290＋935
```
  2 9 0
＋ 9 3 5
1 2 2 5
```

⑥ 405＋708
```
  4 0 5
＋ 7 0 8
1 1 1 3
```

⑦ 3257＋1860
```
  3 2 5 7
＋ 1 8 6 0
  5 1 1 7
```

⑧ 1752＋688
```
  1 7 5 2
＋   6 8 8
  2 4 4 0
```

3 次の人気うんこまんがの作品名は、どれですか。 （20点）

あ うんこクラッシャー
　　我狼式

い スノーうんこを
　　きみに…

う おいどん、
　　うんこでごわす!!

⑯

9 3けたの数の ひき算の筆算①

ひき算の筆算は、数が大きくなっても、2年生で習った筆算のしかたと同じだよ。

今日のせいせき
まちがいが
😊 0～2こ よくできたね！
😐 3～5こ できたね
💩 6こ～ がんばれ

1. 352−128の筆算のしかたを考えます。

```
    4 10              4 10              4 10
  3 5 2            3 5 2            3 5 2
− 1 2 8          − 1 2 8          − 1 2 8
      4               2 4             2 2 4
```
❶一の位の計算をする。十の位から1くり下げる。　❷十の位の計算をする。　❸百の位の計算をする。

2. 筆算で計算をしましょう。

①
```
  3 7 6
− 2 3 8
  1 3 8
```
②
```
  3 4 5
− 1 2 9
  2 1 6
```

③
```
  4 6 5
− 2 1 6
  2 4 9
```
④
```
  5 7 3
− 4 0 7
  1 6 6
```

⑤
```
  6 8 7
− 1 2 9
  5 5 8
```
⑥
```
  6 8 2
− 2 7 9
  4 0 3
```

17

10 3けたの数の ひき算の筆算②

くり下がりに気をつけて筆算しよう。

今日のせいせき
まちがいが
😊 0～2こ よくできたね！
😐 3～5こ できたね
💩 6こ～ がんばれ

1. 827−564の筆算のしかたを考えます。

```
              7 10             7 10
  8 2 7        8 2 7           8 2 7
− 5 6 4      − 5 6 4         − 5 6 4
      3           6 3           2 6 3
```
❶一の位の計算をする。　❷十の位の計算をする。百の位から1くり下げる。　❸百の位の計算をする。

2. 筆算で計算をしましょう。

①
```
  6 1 9
− 3 5 1
  2 6 8
```
②
```
  8 2 6
− 1 5 0
  6 7 6
```

③
```
  7 1 8
− 4 7 3
  2 4 5
```
④
```
  5 4 8
− 3 9 2
  1 5 6
```

⑤
```
  6 4 9
− 2 8 0
  3 6 9
```
⑥
```
  9 3 6
− 7 5 0
  1 8 6
```

19

3. 筆算で計算をしましょう。

①
```
  5 3 6
− 1 0 8
  4 2 8
```
②
```
  3 5 4
− 1 1 5
  2 3 9
```

③
```
  8 9 3
− 1 2 6
  7 6 7
```
④
```
  7 8 2
− 7 5 7
      2 5
```

⑤
```
  6 6 2
− 4 3 5
  2 2 7
```
⑥
```
  9 2 6
− 3 1 9
  6 0 7
```

うんこ文章題にチャレンジ！**3**

巨人像を作ろうと思って、962このうんこを用意しました。ところが、258このうんこがのこってしまいました。巨人像は何このうんこで作られましたか。

筆算
```
  9 6 2
− 2 5 8
  7 0 4
```

式 962−258＝704

答え 704 こ

18

3. 筆算で計算をしましょう。

①
```
  5 3 6
− 1 9 2
  3 4 4
```
②
```
  6 3 9
− 2 8 2
  3 5 7
```
③
```
  8 2 4
− 7 3 2
      9 2
```

④
```
  8 2 4
−   7 1
  7 5 3
```
⑤
```
  6 1 5
− 3 7 3
  2 4 2
```
⑥
```
  1 3 7
−   6 4
      7 3
```

20

テストに出るうんこ
第**6**位
うんこだ！竜斗
作者 高森祥太
きみなら、どのまんがから読みたいかな？
人気うんこまんがベストテン
うんことうんこ…俺たちの青春！

答え

11 3けたの数の
ひき算の筆算③

今日のせいせき
まちがいが
😊 0〜2こ よくできたね!
🐾 3〜5こ できたね
💩 6こ〜 がんばれ

💩 くり下がりがたくさんあっても、くり下げたあとの
数をメモしておくとまちがえにくいよ。

1 753−286の筆算のしかたを考えます。

```
        4 10              10            10
                        6 4 10        6 4 10
  7 5 3         7 5 3         7 5 3
- 2 8 6   →   - 2 8 6   →   - 2 8 6
      7           6 7         4 6 7
```

❶一の位の計算
をする。
十の位から
1くり下げる。

❷十の位の計算
をする。
百の位から
1くり下げる。

❸百の位の計算
をする。

2 筆算で計算をしましょう。

```
①   6 1 5        ②   7 4 2
   - 2 3 8          - 1 6 9
     3 7 7            5 7 3

③   9 3 4        ④   8 2 1
   - 4 5 6          - 5 3 7
     4 7 8            2 8 4

⑤   8 2 4        ⑥   4 4 3
   - 3 4 7          - 2 7 6
     4 7 7            1 6 7
```

㉑

3 筆算で計算をしましょう。

```
①   6 3 5        ②   6 4 0
   - 4 8 9          - 2 9 5
     1 4 6            3 4 5

③   6 1 4        ④   7 3 1
   - 5 9 8          - 5 7 6
         1 6          1 5 5

⑤   9 2 1        ⑥   5 2 3
   - 1 8 5          -   4 8
     7 3 6            4 7 5
```

うんこ文章題に
チャレンジ!
4

『ワールドうんこパーフェクト図鑑』は
全部で841ページの本でしたが、何ペー
ジかやぶり取られていて、293ページしか
のこっていません。やぶり取られたページ
は何ページですか。

筆算
```
  8 4 1
- 2 9 3
  5 4 8
```

(式) 841−293＝548

(答え) 548 ページ

12 3けたの数の
ひき算の筆算④

今日のせいせき
まちがいが
😊 0〜2こ よくできたね!
🐾 3〜5こ できたね
💩 6こ〜 がんばれ

💩 まちがえた筆算はもう一度やり直そう。

1 筆算で計算をしましょう。

```
① 523−26         ② 306−193        ③ 370−129
    5 2 3            3 0 6            3 7 0
  -   2 6          - 1 9 3          - 1 2 9
    4 9 7            1 1 3            2 4 1

④ 621−384        ⑤ 835−495        ⑥ 962−767
    6 2 1            8 3 5            9 6 2
  - 3 8 4          - 4 9 5          - 7 6 7
    2 3 7            3 4 0            1 9 5

⑦ 565−108        ⑧ 510−63         ⑨ 740−369
    5 6 5            5 1 0            7 4 0
  - 1 0 8          -   6 3          - 3 6 9
    4 5 7            4 4 7            3 7 1

⑩ 929−465
    9 2 9
  - 4 6 5
    4 6 4
```

㉓

うんこ先生からの
ちょうせんじょう 2

〜うんこ先生の写真〜

うんこ先生の写真は、さつえい日が筆算になっているよ。

さつえい日
```
  9 9 1
- 9 8 0
     1 1
```

さつえい日
```
  4 9 0
- 4 3 5
     5 5
```

さつえい日
```
  8 2 6
+ 2 0 5
1 0 3 1
```

さつえい日が
```
  1 0 1 2
+   2 1 3
  1 2 2 5
```
の写真は、次のうちどれ? ◯をつけよう。

あ

い

う

答えを月日にしてみてごらん。

㉔

答え

13 3けたの数の ひき算の筆算⑤

ひかれる数に0のあるひき算をするよ。1つ上の位から くり下げられないときは、もう1つ上の位からくり下げよう。

1 503-146の筆算のしかたを考えます。

2 筆算で計算をしましょう。

① 901 - 734 = 167
② 804 - 537 = 267
③ 700 - 628 = 72
④ 600 - 215 = 385
⑤ 304 - 157 = 147
⑥ 400 - 279 = 121

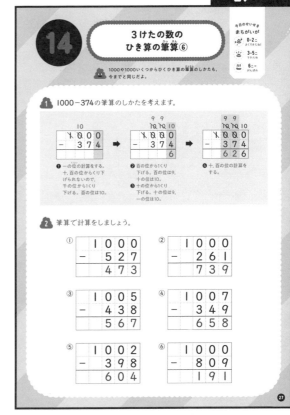

14 3けたの数の ひき算の筆算⑥

1000や1000いくつからひくひき算の筆算のしかたも、 今までと同じだよ。

1 1000-374の筆算のしかたを考えます。

2 筆算で計算をしましょう。

① 1000 - 527 = 473
② 1000 - 261 = 739
③ 1005 - 438 = 567
④ 1007 - 349 = 658
⑤ 1002 - 398 = 604
⑥ 1000 - 809 = 191

3 筆算で計算をしましょう。

① 603 - 298 = 305
② 502 - 494 = 8
③ 700 - 287 = 413
④ 601 - 24 = 577
⑤ 904 - 107 = 797
⑥ 800 - 769 = 31

3 筆算で計算をしましょう。

① 1002 - 619 = 383
② 1000 - 738 = 262
③ 1000 - 253 = 747
④ 1002 - 476 = 526
⑤ 1003 - 8 = 995
⑥ 1000 - 84 = 916

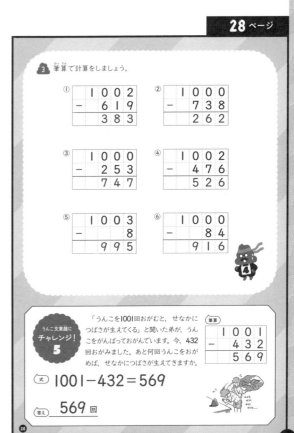

うんこ文章題に チャレンジ！ 5

「うんこを1001回おがむと、せなかに つばさが生えてくる」と聞いた弟が、うん こをがんばっておがんでいます。今、432 回おがみました。あと何回うんこをおが めば、せなかにつばさが生えてきますか。

式 1001-432＝569

答え 569 回

57

15 大きい数の ひき算の筆算

ひき算の筆算は、数が大きくなっても、今までと筆算のしかたは同じだよ。

今日のせいせき　まちがいが
0-2こ よくできたね！
3-5こ できたね
6こ～ がんばれ

1 4231−2174の筆算のしかたを考えます。

```
      10
   1 2 10
   4 2 3 1
 − 2 1 7 4
   0 5 7
```
→
```
      10
   1 2 10
   4 2 3 1
 − 2 1 7 4
   2 0 5 7
```

❶くり下がりに気をつけて、一、十、百の位のじゅんに計算する。　❷千の位の計算をする。

2 筆算で計算をしましょう。

① 8951 − 1676 = 7275

② 9053 − 1728 = 7325

③ 8259 − 6484 = 1775

④ 7423 − 3697 = 3726

⑤ 8000 − 6929 = 1071

⑥ 1053 − 598 = 455

3 筆算で計算をしましょう。

① 6571 − 1296 = 5275

② 5190 − 2818 = 2372

③ 7058 − 4283 = 2775

④ 6317 − 692 = 5625

⑤ 9354 − 8796 = 558

⑥ 8403 − 2675 = 5728

テストに出るうんこ

第4位

UNKO NOTE うんこ ノート

原作 鎌田いすか／作者 黒宮真

きみなら、どのまんがから読みたいかな？
人気うんこまんがベストテン

ボクは、人のうんこをノートに書きためるやつを手に入れた…

16 かくにんテスト 2

点

今日のせいせき　まちがいが
0-2こ よくできたね！
3-5こ できたね
6こ～ がんばれ

1 筆算で計算をしましょう。　（1つ3点）

① 500 − 192 = 308

② 712 − 372 = 340

③ 541 − 263 = 278

④ 834 − 207 = 627

⑤ 526 − 173 = 353

⑥ 702 − 546 = 156

⑦ 1000 − 29 = 971

⑧ 8983 − 3984 = 4999

⑨ 1004 − 326 = 678

⑩ 4523 − 2905 = 1618

2 筆算で計算をしましょう。　（1つ5点）

① 741−59
741 − 59 = 682

② 400−7
400 − 7 = 393

③ 362−84
362 − 84 = 278

④ 819−80
819 − 80 = 739

⑤ 715−137
715 − 137 = 578

⑥ 306−259
306 − 259 = 47

⑦ 1000−125
1000 − 125 = 875

⑧ 3295−1697
3295 − 1697 = 1598

3 「あんたにも見せちゃうよ。うんこってやつのド根性を！」という
せりふで有名な人気うんこまんがはどれですか。　（30点）

あ UNKO NOTE うんこ ノート

い おいどん、うんこでごわす‼

う もらしっぱ！ ユズルくん

33 ページ

17 暗算

🟤 2けたの数のたし算やひき算は、筆算しなくても暗算でできるようになろう。

今日のせいせき　まちがいが
💩 0−2こ よくできたね！
🐾 3−5こ できたね
〰 6こ〜 がんばれ

1️⃣ 39＋46の暗算のしかたを考えます。

```
 39  +  46
      40   6
```

❶ たす数（ひく数）を何十といくつに分ける。
❷ たされる数（ひかれる数）と何十の計算をする。
❸ ❷の答えといくつの計算をする。

39 ＋ 40 ＝ 79
79 ＋ 6 ＝ 85

2️⃣ 暗算で計算しましょう。

① 23＋54＝77
　50　4
② 34＋15＝49
　10　5
③ 19＋23＝42
　20　3
④ 27＋46＝73
　40　6
⑤ 98−26＝72
　20　6
⑥ 74−53＝21
　50　3
⑦ 81−45＝36
　40　5
⑧ 73−19＝54
　10　9

33

34 ページ

3️⃣ 暗算で計算しましょう。

① 65＋31＝96
② 26＋49＝75
③ 75＋15＝90
④ 39＋55＝94
⑤ 62−36＝26
⑥ 100−19＝81
⑦ 80−24＝56
⑧ 91−45＝46

たす数やひく数を何十といくつに分けて計算してみよう。

テストに出るうんこ
番外編
東京都立うんこ大学うんこ学部うんこ研究学科三年
秋川ぷり太郎
作者　山留久

人気うんこまんがベストテン
きみなら、どのまんがから読みたいかな？

34

35 ページ

18 小数のたし算とひき算

💩 小数を「0.1の何こ分」で考えると整数のときと同じように計算できるよ。

今日のせいせき　まちがいが
💩 0−2こ よくできたね！
🐾 3−5こ できたね
〰 6こ〜 がんばれ

1️⃣ 0.6＋0.7と1.5−0.9の計算のしかたを考えます。

0.6＋0.7	1.5−0.9
0.6は、0.1が 6 こ	1.5は、0.1が 15 こ
0.7は、0.1が 7 こ	0.9は、0.1が 9 こ
あわせて0.1が 13 こ	ひくと、0.1が 6 こ
0.1が13こで 1.3	0.1が6こで 0.6

2️⃣ 計算をしましょう。

① 0.2＋0.5＝0.7
② 0.4＋1.2＝1.6
③ 1＋0.6＝1.6
④ 0.9＋0.8＝1.7

3️⃣ 計算をしましょう。

① 0.9−0.3＝0.6
② 1.8−0.5＝1.3
③ 1.3−0.4＝0.9
④ 1−0.4＝0.6

1は0.1が10こじゃぞ。

35

36 ページ

うんこ先生からの
ちょうせんじょう3

〜小数カードをかんせいさせよ〜

うんこ先生がならべていた『小数カード』が、バラバラになってしまった！先生の『小数カード』をもとにもどそう。たしか、うんこ先生は次のルールでならべていた。

ルール
・0.1から0.9までの9この小数が書かれている。
・たて、横、ななめにならぶ3つの数の合計がすべて1.5になる。

□ のところに小数を入れよう。

0.4	0.3	0.8
0.9	0.5	0.1
0.2	0.7	0.6

36

19 小数の たし算の筆算

今日のせいせき まちがいが
- 0~2こ よくできたね！
- 3~5こ できたね
- 6こ～ がんばれ

小数のたし算の筆算のしかたは，
整数のたし算のときと同じだよ。
答えの小数点をうちわすれないように注意しよう。

1 2.9+3.5の筆算のしかたを考えます。

```
  2.9        2.9          2.9
+ 3.5   →  + 3.5    →   + 3.5
            6 4          6.4
```

❶ 位をそろえて書く。
❷ 整数のたし算と同じように計算する。
❸ 上の小数点にそろえて，答えの小数点をうつ。

2 筆算で計算をしましょう。

① 1.3 + 2.4 = 3.7
② 5.4 + 2.3 = 7.7
③ 1.9 + 4.3 = 6.2
④ 1.4 + 5.8 = 7.2
⑤ 6.7 + 2.5 = 9.2
⑥ 5.7 + 1.6 = 7.3
⑦ 4.7 + 7.6 = 12.3
⑧ 9.3 + 2.8 = 12.1
⑨ 8.9 + 5.4 = 14.3

20 小数の ひき算の筆算

今日のせいせき まちがいが
- 0~2こ よくできたね！
- 3~5こ できたね
- 6こ～ がんばれ

小数のひき算の筆算のしかたは，
整数のひき算のときと同じだよ。
答えの小数点をうちわすれないように注意しよう。

1 5.2−2.4の筆算のしかたを考えます。

```
  5.2        5.2          5.2
- 2.4   →  - 2.4    →   - 2.4
            2 8          2.8
```

❶ 位をそろえて書く。
❷ 整数のひき算と同じように計算する。
❸ 上の小数点にそろえて，答えの小数点をうつ。

2 筆算で計算をしましょう。

① 6.5 − 3.1 = 3.4
② 7.6 − 2.4 = 5.2
③ 9.5 − 2.7 = 6.8
④ 9.3 − 1.8 = 7.5
⑤ 8.4 − 4.6 = 3.8
⑥ 7.1 − 2.8 = 4.3
⑦ 5.4 − 3.7 = 1.7
⑧ 8.3 − 4.9 = 3.4
⑨ 7.2 − 3.6 = 3.6

3 筆算で計算をしましょう。

① 5.1 + 4.2 = 9.3
② 3.5 + 3.4 = 6.9
③ 3.5 + 2.6 = 6.1
④ 4.4 + 2.9 = 7.3
⑤ 3.8 + 5.6 = 9.4
⑥ 6.2 + 1.9 = 8.1
⑦ 7.6 + 4.5 = 12.1
⑧ 7.8 + 8.4 = 16.2
⑨ 2.9 + 8.7 = 11.6

うんこ文章題に チャレンジ！ 6

校門から4.6m 歩いたところでへんな形のうんこを拾いました。そこからさらに3.7m はなれたところに，同じ形のみぞがあったので，拾ったうんこをはめました。校門からみぞまでは何 m はなれているでしょうか。

筆算
```
  4.6
+ 3.7
  8.3
```

式 4.6 + 3.7 = 8.3

答え 8.3 m

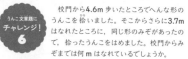

3 筆算で計算をしましょう。

① 4.9 − 2.3 = 2.6
② 4.3 − 3.1 = 1.2
③ 8.1 − 1.7 = 6.4
④ 8.5 − 3.9 = 4.6
⑤ 9.6 − 1.8 = 7.8
⑥ 8.5 − 4.8 = 3.7
⑦ 7.2 − 2.6 = 4.6
⑧ 5.3 − 3.7 = 1.6
⑨ 9.2 − 5.4 = 3.8

答え

21 小数のたし算とひき算の筆算①

今日のせいせき まちがいが
- 0-2こ よくできたね
- 3-5こ できたね
- 6こ〜 がんばれ

答えの小数点は上の小数点にそろえてうつよ。答えの一の位の数がないときは「0」をわすれないようにしよう。

1 2.6+1.4、5.3−4.6、5−3.2の筆算のしかたを考えます。

2.6+1.4	5.3−4.6	5−3.2
2.6 + 1.4 4.0	5.3 − 4.6 0.7	5.0 − 3.2 1.8
答えの4.0は4と同じ大きさだから、0を\で消す。	答えの一の位の数がないときは、0を書いて小数点をうつ。	5を5.0と考えて筆算をする。

2 筆算で計算をしましょう。

① 3.5
+ 2.5
6.0

② 3.2
+ 4.8
8.0

③ 15.3
+ 6.7
22.0

④ 9.4
− 8.7
0.7

⑤ 7.3
− 6.8
0.5

⑥ 12.8
− 4.8
8.0

⑦ 7.9
+ 4
11.9

⑧ 8.0
− 4.3
3.7

⑨ 16.0
− 5.9
10.1

---

3 筆算で計算をしましょう。

① 4.1
+ 5.9
10.0

② 32.8
+ 0.2
33.0

③ 9.0
− 4.3
4.7

④ 8.3
− 7.5
0.8

⑤ 18.3
− 9
9.3

⑥ 3.0
− 2.4
0.6

4 筆算で計算をしましょう。

① 23+3.4
23
+ 3.4
26.4

② 7−5.3
7.0
− 5.3
1.7

③ 9−8.6
9.0
− 8.6
0.4

うんこ文章題にチャレンジ！ 7

おじいちゃんが「うんこをするのでお茶をくれ」と言うので、お茶を7Lわたしました。おじいちゃんはうんこをしながら6.4L飲みました。お茶は何Lのこっていますか。

筆算
7.0
− 6.4
0.6

式 7−6.4＝0.6

答え 0.6 L

---

22 小数のたし算とひき算の筆算②

今日のせいせき まちがいが
- 0-2こ よくできたね
- 3-5こ できたね
- 6こ〜 がんばれ

まちがえた筆算は、もう一度やり直そう。

1 筆算で計算をしましょう。

① 3.2+2.9
3.2
+ 2.9
6.1

② 5.8+8.4
5.8
+ 8.4
14.2

③ 5.3+6.7
5.3
+ 6.7
12.0

④ 2.8+4.3
2.8
+ 4.3
7.1

⑤ 5.6+4.4
5.6
+ 4.4
10.0

⑥ 15+6.9
15
+ 6.9
21.9

2 筆算で計算をしましょう。

① 3.2−1.8
3.2
− 1.8
1.4

② 8.2−4.5
8.2
− 4.5
3.7

③ 21.3−4.7
21.3
− 4.7
16.6

④ 4.1−4
4.1
− 4
0.1

⑤ 9.6−2.6
9.6
− 2.6
7.0

⑥ 19−8.3
19.0
− 8.3
10.7

うんこ先生からのちょうせんじょう 4

〜漢字の計算〜

□にあてはまる漢字を書こう。

① 言 ＋ 寺 ＝ 詩

② 自 ＋ 心 ＝ 息

③ 立 ＋ 日 ＋ 心 ＝ 意

④ 矢 ＋ 豆 ＝ 短

⑤ 日 ＋ 日 ＋ 立 ＝ 暗

⑥ ク ＋ ヨ ＋ 心 ＝ 急

すべて3年生で習う漢字じゃよ。⑥はカタカナと漢字を使って組み立てるのじゃ。

答え

45 ページ

23 分数のたし算

今日のせいせき
まちがいが
0〜2こ よくできたね！
3〜5こ できたね
6こ〜 がんばれ

分数のたし算をするよ。
それぞれのもとになる分数が何こになるかで考えよう。

1 $\frac{2}{7} + \frac{3}{7}$ の計算のしかたを考えます。

$\frac{2}{7}$ は $\frac{1}{7}$ が **2** こ。

$\frac{3}{7}$ は $\frac{1}{7}$ が **3** こ。

あわせて、$\frac{1}{7}$ が5こで $\frac{5}{7}$ 。

$\frac{1}{7}$ が何こに分になるか考えよう。

2 計算をしましょう。

① $\frac{1}{4} + \frac{2}{4} = \frac{3}{4}$　② $\frac{2}{6} + \frac{3}{6} = \frac{5}{6}$

③ $\frac{3}{9} + \frac{5}{9} = \frac{8}{9}$　④ $\frac{3}{8} + \frac{1}{8} = \frac{4}{8}$

⑤ $\frac{3}{10} + \frac{2}{10} = \frac{5}{10}$　⑥ $\frac{3}{5} + \frac{1}{5} = \frac{4}{5}$

⑦ $\frac{4}{7} + \frac{3}{7} = \frac{7}{7}(=1)$　⑧ $\frac{3}{4} + \frac{1}{4} = \frac{4}{4}(=1)$

分母と分子が同じ数の分数は1と同じ大きさじゃよ。

⑨ $\frac{3}{8} + \frac{5}{8} = \frac{8}{8}(=1)$

45

46 ページ

3 計算をしましょう。

① $\frac{1}{4} + \frac{1}{4} = \frac{2}{4}$　② $\frac{2}{10} + \frac{6}{10} = \frac{8}{10}$　③ $\frac{4}{6} + \frac{1}{6} = \frac{5}{6}$

④ $\frac{1}{2} + \frac{1}{2} = \frac{2}{2}(=1)$　⑤ $\frac{2}{8} + \frac{3}{8} = \frac{5}{8}$　⑥ $\frac{4}{7} + \frac{2}{7} = \frac{6}{7}$

⑦ $\frac{2}{3} + \frac{1}{3} = \frac{3}{3}(=1)$　⑧ $\frac{2}{5} + \frac{1}{5} = \frac{3}{5}$　⑨ $\frac{2}{9} + \frac{4}{9} = \frac{6}{9}$

⑩ $\frac{4}{10} + \frac{5}{10} = \frac{9}{10}$

47 ページ

24 分数のひき算

今日のせいせき
まちがいが
0〜2こ よくできたね！
3〜5こ できたね
6こ〜 がんばれ

分数のひき算をするよ。
もとになる分数が何になるかで考えよう。

1 $\frac{6}{9} - \frac{2}{9}$ の計算のしかたを考えます。

$\frac{6}{9}$ は $\frac{1}{9}$ が **6** こ。

$\frac{2}{9}$ は $\frac{1}{9}$ が **2** こ。

ひくと、$\frac{1}{9}$ が4こで $\frac{4}{9}$ 。

分母はそのままで、分子どうしのひき算をするのじゃ。

2 計算をしましょう。

① $\frac{2}{3} - \frac{1}{3} = \frac{1}{3}$　② $\frac{3}{6} - \frac{2}{6} = \frac{1}{6}$

③ $\frac{6}{7} - \frac{4}{7} = \frac{2}{7}$　④ $\frac{3}{4} - \frac{2}{4} = \frac{1}{4}$

⑤ $\frac{4}{5} - \frac{1}{5} = \frac{3}{5}$　⑥ $\frac{6}{8} - \frac{3}{8} = \frac{3}{8}$

⑦ $\frac{5}{6} - \frac{2}{6} = \frac{3}{6}$　⑧ $1 - \frac{5}{9}\left(=\frac{9}{9} - \frac{5}{9}\right) = \frac{4}{9}$

⑧ は1を $\frac{9}{9}$ にしてから計算しよう。

⑨ $1 - \frac{1}{2}\left(=\frac{2}{2} - \frac{1}{2}\right) = \frac{1}{2}$

47

48 ページ

3 計算をしましょう。

① $\frac{8}{9} - \frac{2}{9} = \frac{6}{9}$　② $1 - \frac{1}{8}\left(=\frac{8}{8} - \frac{1}{8}\right) = \frac{7}{8}$　③ $\frac{5}{8} - \frac{2}{8} = \frac{3}{8}$

④ $\frac{2}{4} - \frac{1}{4} = \frac{1}{4}$　⑤ $1 - \frac{2}{5}\left(=\frac{5}{5} - \frac{2}{5}\right) = \frac{3}{5}$　

⑥ $\frac{5}{6} - \frac{1}{6} = \frac{4}{6}$　⑦ $\frac{8}{10} - \frac{5}{10} = \frac{3}{10}$　⑧ $\frac{3}{7} - \frac{2}{7} = \frac{1}{7}$

⑨ $\frac{6}{7} - \frac{1}{7} = \frac{5}{7}$　⑩ $1 - \frac{2}{10}\left(=\frac{10}{10} - \frac{2}{10}\right) = \frac{8}{10}$

テストに出るうんこ 第2位 うんこ獣 作者 木場木世士
きみなら、どのまんがから読みたいかな？ 人気うんこまんがベストテン
コワモテ・クレー！ヒトもウシもネコもデラウンダー！
うんこ獣 —UNKOJU—
46

テストに出るうんこ 第1位 うんこ烈風伝 作者 鰤山田鰤哉
きみなら、どのまんがから読みたいかな？ 人気うんこまんがベストテン
うんこ烈風伝
48

㉕ まとめテスト
3年生のたし算・ひき算

□ 点

今日のせいせき
まちがいが
- 0-2こ よくできたね！
- 3-5こ できたね
- 6こ～ がんばれ

1 筆算で計算をしましょう。 (1つ3点)

① 289＋512
```
  2 8 9
+ 5 1 2
  8 0 1
```

② 583＋19
```
  5 8 3
+   1 9
  6 0 2
```

③ 357＋893
```
    3 5 7
+   8 9 3
  1 2 5 0
```

2 筆算で計算をしましょう。 (1つ3点)

① 562－329
```
  5 6 2
- 3 2 9
  2 3 3
```

② 600－27
```
  6 0 0
-   2 7
  5 7 3
```

③ 1001－523
```
  1 0 0 1
-   5 2 3
    4 7 8
```

3 筆算で計算をしましょう。 (1つ3点)

① 3.5＋2.7
```
  3.5
+ 2.7
  6.2
```

② 4.3＋3.7
```
  4.3
+ 3.7
  8.0
```

③ 15.2＋5
```
  1 5.2
+    5
  2 0.2
```

49

4 筆算で計算をしましょう。 (1つ3点)

① 8.2－3.4
```
  8.2
- 3.4
  4.8
```

② 15－7.3
```
  1 5.0
-   7.3
    7.7
```

③ 5.4－4.9
```
  5.4
- 4.9
  0.5
```

5 計算をしましょう。 (1つ3点)

① $\dfrac{1}{10}+\dfrac{7}{10}=\dfrac{8}{10}$

② $\dfrac{2}{9}+\dfrac{6}{9}=\dfrac{8}{9}$

③ $\dfrac{4}{8}+\dfrac{4}{8}=\dfrac{8}{8}(=1)$

④ $\dfrac{6}{7}-\dfrac{2}{7}=\dfrac{4}{7}$

⑤ $1-\dfrac{2}{9}\left(=\dfrac{9}{9}-\dfrac{2}{9}\right)=\dfrac{7}{9}$

⑥ $1-\dfrac{3}{8}\left(=\dfrac{8}{8}-\dfrac{3}{8}\right)=\dfrac{5}{8}$

6 次の人気まんがの作品名はそれぞれどれ
でしょう。正しく線でむすびましょう。 (全部できて46点)

東京都立うんこ大学
うんこ学部
うんこ研究学科三年
秋川ぷり太郎

こちら★
うんこ探偵社

うんこ烈風伝

計算などで
自由に使おう！

うんこ先生と楽しく学べる
"うんこの本"も大好評発売中！

うんこ**Books**

いろいろな
うんこが大変身！

**うんこしかけ
えほんシリーズ**

幼児向け

のりもの
なーんだ？

どうぶつ
だーれだ？

うみのいきもの
だーれだ？

えんぴつ不要！
シールをはるだけでお勉強ができる！

シールでおけいこシリーズ

	総合	かず	もじ	ちえ	いろ・かたち
2さい					
3さい					
4さい					

ひらめき力が
身につく！

うんこなぞなぞ

科学的思考力が
身につく！

**うんこドリル
空想科学読本**

マンガで
身につく！

**マンガ うんこ
ことわざ辞典**

考える力が
身につく！

**松丸亮吾の
うんこナゾトキ**

おもに小学生向け

上級　最上級

4さい〜6さい　1ねんせい　2年生

初級
中級
上級

ご購入は、お近くの書店またはブックサービス（0120-29-9625）へ　www.bunkyosha.com

うんこドリルがオンラインに!!

うんこゼミ

（こくご）（さんすう）（りか）（しゃかい）＋（えいご）（きょうよう）
国語 **算数** **理科** **社会** ＋ **英語** **教養**

＼ゲームしながら勉強できる!!／

第8問：社会
もえるごみをもやした後には
何が残るかな？

はい　いいえ

これかな？
わかんないな…
よし！

どんどん
と
解けるぜい！

すべТの教科が
学べる！

学校の復習はバッチリ！
先どりの勉強もできる！

nest
dragon
crane
shellfish

ついつい毎日やっちゃう！

Level UP!
てんさいパワーが40あがった!!
1240

どんどんLevel UP!

10 COMBO!
コンボ
ボーナス

遊ぶように学べるひみつは‥
うんこ式反復学習!!
これで君も天才じゃ！

QRを
よみ込もう！

スマホやパソコンで
← 今すぐお試し!!

※小学3年生〜6年生対象（2021年8月現在）　※画面は開発中のものです

詳しい内容・料金については、こちらをご覧ください ▶https://app.unkogakuen.com/register/

うんこ学園

うんこを通じて、「まなび」を
「よろこび」に変える教育の
プラットフォーム

unkogakuen.com

うんこ学園　🔍